Sujeet Jamdar
Gajanan Sontakke

Manual de Laboratório de Biologia Celular e Genética

Sujeet Jamdar
Gajanan Sontakke

Manual de Laboratório de Biologia Celular e Genética

Para estudantes universitários

ScienciaScripts

Imprint

Cover image: www.ingimage.com

This book is a translation from the original published under ISBN 978-620-8-41489-4.

Publisher:
Sciencia Scripts
is a trademark of
Dodo Books Indian Ocean Ltd. and OmniScriptum S.R.L publishing group

120 High Road, East Finchley, London, N2 9ED, United Kingdom
Str. Armeneasca 28/1, office 1, Chisinau MD-2012, Republic of Moldova, Europe
Managing Directors: Ieva Konstantinova, Victoria Ursu
info@omniscriptum.com

Printed at: see last page
ISBN: 978-620-8-40171-9

ÍNDICE

Experiência n.º 01

Estudo do Microscópio

Objetivo: Estudar as diferentes partes do microscópio composto

Informações de base:

Um microscópio é um instrumento ótico utilizado para ampliar e resolver a imagem de qualquer objeto, que não pode ser visto a olho nu. A função de qualquer microscópio é aumentar a resolução. Devido à ampliação, a resolução é muitas vezes confundida com a ampliação, que se refere ao tamanho de uma imagem. Em geral, quanto maior for a ampliação, maior será a resolução, mas isto nem sempre é verdade. Existem várias limitações práticas na conceção das lentes que podem resultar num aumento da ampliação sem aumento da resolução. O primeiro microscópio operacional foi desenvolvido por Z. Janseen e H. Janseen da Holanda em 1590. Foi concebido para obter tanto a ampliação como o poder de resolução; utiliza como fonte de iluminação luz visível com comprimentos de onda que variam entre 380 mm e 740 nm.

Um microscópio composto é composto por dois elementos: uma lente de aumento primária e um sistema de lentes secundárias, semelhante a um telescópio. A luz passa através de um objeto e é depois focada pelas lentes primária e secundária. Se o feixe de luz for substituído por um feixe de electrões, o microscópio torna-se um microscópio eletrónico de transmissão. Se a luz for reflectida no objeto em vez de o atravessar, o microscópio de luz transforma-se num microscópio de dissecação. Se os electrões forem reflectidos no objeto num padrão digitalizado, o instrumento torna-se um microscópio eletrónico de varrimento.

Princípio:

O microscópio tem uma série de duas lentes: **a lente** objetiva, que se aproxima do objeto a observar, e **a lente ocular ou ocular**, através da qual a imagem é vista a olho nu. A luz de uma fonte luminosa (espelho ou lâmpada eléctrica) passa através de um objeto fino e transparente. A lente objetiva produz uma "imagem real" ampliada do objeto. Esta imagem é novamente ampliada pela lente ocular para obter uma "imagem virtual" ampliada, que pode ser vista pelo olho através da ocular. Como a luz passa diretamente da fonte para o olho através das duas lentes, o campo de visão fica bem iluminado.

Requisitos: Microscópio composto

Partes do Microscópio:

a) **Peças mecânicas**

1. **Base/pé:** É uma parte mais baixa, em forma de ferradura, utilizada para apoio.
2. **Pilares:** Trata-se de um par de elevações na base através das quais o corpo do microscópio é fixado à base.
3. **Junta de inclinação:** É uma junta móvel, através da qual o corpo do microscópio é fixado à base pelos pilares. O corpo do microscópio pode ser inclinado nesta junta para qualquer posição inclinada, conforme desejado pelo observador, para facilitar a observação. Nos novos modelos, o corpo é fixado permanentemente à base numa posição inclinada, não necessitando, portanto, de pilar ou articulação.
4. **Braço curvo:** É uma estrutura curva sustentada pelos pilares. Suporta o palco, o tubo do corpo, o ajuste fino e o ajuste grosseiro.
5. **Corpo do tubo:** Trata-se normalmente de um tubo vertical que contém a ocular na parte superior e a ocular rotativa com as objectivas na parte inferior.
6. **Ajuste grosseiro:** É um botão com mecanismo de cremalheira e pinhão para mover o tubo do corpo para cima e para baixo para focar o objeto no campo visível. Uma vez que a rotação do botão num pequeno ângulo move o tubo do corpo a uma longa distância relativamente ao objeto, pode efetuar um ajuste grosseiro. Nos microscópios modernos, move a platina para cima e para baixo e o tubo do corpo é fixado ao braço.
7. **Ajuste fino:** É um botão relativamente mais pequeno. A sua rotação através de um grande ângulo pode mover o tubo do corpo apenas

através de uma pequena distância vertical. É utilizado para o ajuste fino para obter uma imagem final nítida. Nos microscópios modernos, o ajuste fino é efectuado movendo a platina para cima e para baixo através do ajuste fino.

8. **Palco:** É uma plataforma horizontal que se projecta do braço curvo. Tem um orifício no centro, sobre o qual o objeto a ser observado é colocado numa lâmina. A luz da fonte de luz por baixo da plataforma passa através do objeto para a objetiva.
9. **Nariz rotativo:** Trata-se de um disco rotativo na parte inferior do tubo do corpo com três ou quatro objectivas nele aparafusadas. As objectivas têm diferentes potências de ampliação. Com base na ampliação pretendida, o porta-objectivas é rodado, de modo a que apenas a objetiva especificada para a ampliação pretendida permaneça alinhada com a trajetória da luz.

b) Peças ópticas:

1. **Fonte de luz:** Os microscópios modernos têm uma fonte de luz eléctrica incorporada na base. A fonte é ligada à rede eléctrica através de um regulador, que controla o brilho do campo. Nos modelos antigos, porém, é utilizado um espelho como fonte de luz. Este é fixado à base por um bináculo, através do qual pode ser rodado, de modo a fazer convergir a luz para o objeto. O espelho é plano de um lado e côncavo do outro.
2. **Diafragma:** Se a luz proveniente da fonte de luz for brilhante e toda a luz passar para o objeto através do condensador, o objeto fica brilhantemente iluminado e não pode ser visualizado corretamente. Por isso, é fixado um diafragma de íris por baixo do condensador para controlar a quantidade de luz que entra no condensador.
3. **Condensador:** O condensador ou condensador de sub-estágio está localizado entre a fonte de luz e o palco. Tem uma série de lentes que convergem para o objeto os raios de luz provenientes da fonte de luz. Depois de atravessarem o objeto, os raios de luz entram na objetiva. A capacidade de "condensação da luz", de "convergência da luz" ou de "captação da luz" de um condensador é designada por "abertura

numérica do condensador". Do mesmo modo, a capacidade de "captação de luz" de uma objetiva é designada por "abertura numérica da objetiva". Se o condensador fizer convergir a luz num ângulo amplo, a sua abertura numérica é maior e vice-versa. Se o condensador tiver uma abertura numérica tal que envie luz através do objeto com um ângulo suficientemente grande para preencher a abertura da lente posterior da objetiva, esta apresenta a sua maior abertura numérica. Os condensadores mais comuns têm uma abertura numérica de 1,25.

Se a abertura numérica do condensador for menor do que a da objetiva, a parte periférica da lente posterior da objetiva não é iluminada e a imagem tem pouca visibilidade. Por outro lado, se a abertura numérica do condensador for maior do que a da objetiva, a lente posterior pode receber demasiada luz, resultando numa diminuição do contraste.

4. **Objetiva:** É a lente mais importante de um microscópio. Normalmente, três objectivas com diferentes potências de ampliação são aparafusadas à peça de nariz rotativa.

   Os objectivos são:

   (a) **Objetiva de baixa potência (X 10):** Produz uma ampliação de dez vezes do objeto.

   (b) **Objetiva de alta secura (X 40):** Proporciona uma ampliação de quarenta vezes.

   (c) **Objetiva de imersão em óleo (X100):** Dá uma ampliação de cem vezes, quando o óleo de imersão preenche o espaço entre o objeto e a objetiva.

Poder de resolução do objetivo:

- ✓ É a capacidade da objetiva para resolver cada ponto do objeto minúsculo em pontos amplamente espaçados, de modo a que os pontos da imagem possam ser vistos como distintos e separados uns dos outros, de modo a obter uma imagem nítida e não desfocada.
- ✓ Pode parecer que se pode obter uma ampliação muito elevada utilizando um maior número de lentes de alta potência. Embora seja possível, a

imagem altamente ampliada obtida desta forma é uma imagem desfocada. Isto significa que cada ponto do objeto não pode ser encontrado como um ponto distinto e separado na imagem.

- ✓ O mero aumento de tamanho (maior ampliação) sem a capacidade de distinguir pormenores estruturais (maior resolução) tem pouco valor. Por conseguinte, a limitação básica dos microscópios de luz não é a ampliação, mas sim o poder de resolução, a capacidade de distinguir dois pontos adjacentes como distintos e separados, ou seja, de resolver pequenos componentes do objeto em pormenores mais finos na imagem.

Procedimento:

1. Pegar num microscópio do armário, colocando uma mão por baixo da base e a outra no braço do microscópio. É importante que o microscópio seja transportado de forma segura, com as duas mãos e numa posição vertical.
2. Colocar o microscópio à sua frente e ajustar a fonte de luz.
3. Anotar a potência de ampliação e a abertura numérica das lentes que se encontram na ponta do microscópio.
4. Colocar a lâmina na platina e certificar-se de que está bloqueada no lugar com o suporte da lâmina.
5. Rodar o botão de focagem do condensador para mover o condensador para a sua posição mais elevada de deslocação. Embora exista uma localização ideal para o condensador, a posição correta do condensador varia ligeiramente para cada objetiva.
6. Focalizar o microscópio em qualquer parte de uma lâmina e, em seguida, simplesmente fechar a abertura do condensador e mover o condensador até obter uma visão nitidamente focalizada da abertura do condensador. Se fizer isto, pode então abrir a abertura até que esta preencha o campo de visão.
7. Olhando para baixo no microscópio, ajustar as oculares. O microscópio está equipado com um botão entre as extensões do tubo ocular para este ajuste. Mova os tubos oculares para a frente ou para trás até obter

um campo de visão uniforme. Na primeira vez que utilizar o microscópio, ajuste as oculares para seu conforto pessoal.

8. Começar por focar o microscópio em qualquer objeto dentro do campo de visão.
   Encontre um local com contraste adequado no centro do campo de visão e feche o olho esquerdo. Utilizando os ajustes grosseiros e finos, foque até obter uma imagem nítida.
9. Comece sempre a focar o microscópio com a ampliação de 10X. Mesmo que se pretenda utilizar o 100X, é mais eficiente começar com o 10X e depois passar para a potência desejada.
10. As lentes objectivas são parfocais, o que significa que se uma estiver focada, cada uma das outras estará aproximadamente focada quando rodadas para a sua posição. Rodar o controlo de focagem grosseiro até que a lâmina esteja o mais próximo possível da objetiva de 10X. Deslocar os manipuladores da platina até que uma parte da lâmina esteja diretamente sob a objetiva e focar cuidadosamente o objeto em vista.
11. Depois de ajustar a focagem a 10X, centre o objeto a ser visualizado e rode a ponteira para a ampliação superior seguinte. Utilize o controlo de focagem fina apenas para as objectivas de 40X ou 100X. 14. Manipular a focagem fina para obter a imagem mais nítida. Durante a utilização do microscópio, uma mão deve permanecer na focagem fina, uma vez que será necessário um reajustamento constante. Utilizar a outra mão para manipular os movimentos da platina.
12. Utilize a objetiva de 40X, centre o objeto que pretende visualizar e rode a torre da objetiva para colocar a objetiva de 40X em posição. Existe alguma alteração na orientação da imagem? 17. No seu caderno de observações, desenhe as imagens da amostra a 10X e a 40X e relate as alterações observadas.

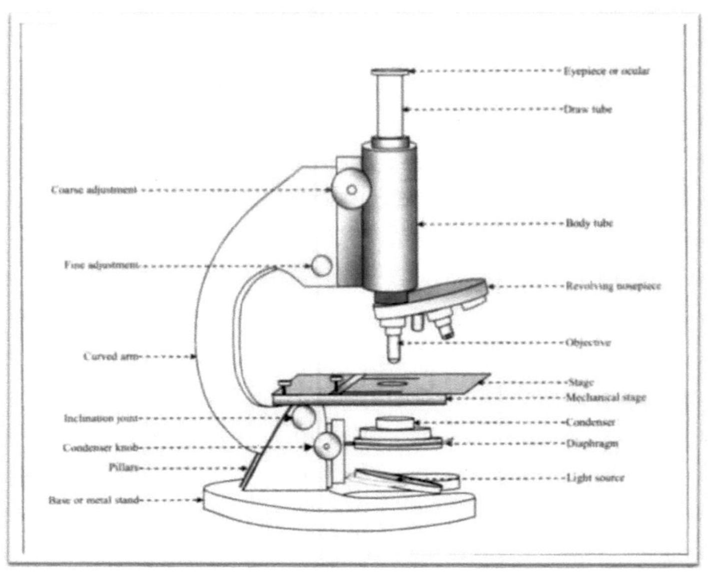
Eyepiece or ocular
Draw tube
Coarse adjustment
Body tube
Fine adjustment
Revolving nosepiece
Curved arm
Objective
Stage
Mechanical stage
Inclination joint
Condenser
Condenser knob
Diaphragm
Pillars
Light source
Base or metal stand

Experiência nº 02
Estudo da estrutura celular

Objetivo: Preparar uma montagem temporária corada de uma casca de cebola, registar observações e desenhar diagramas com etiquetas.

Requisitos:

Uma cebola, uma lâmina de vidro, um vidro de relógio, uma lamela, uma pinça, agulhas, uma escova, uma lâmina, papel de filtro, safranina, glicerina, um conta-gotas, água e um microscópio composto.

Princípio: Todos os organismos vivos são constituídos por células. A forma, o tamanho e o número destas unidades variam consoante os organismos. Os três principais componentes de uma célula são a membrana celular, o citoplasma e o núcleo. Numa célula vegetal, a membrana celular é envolvida por uma parede celular.

Procedimento:

1. Pegue numa cebola e retire-lhe a casca mais exterior.
2. Cortar agora uma pequena parte de uma folha de escama interna com a ajuda de uma lâmina.
3. Separar uma casca fina e transparente da superfície convexa da folha de escama com a ajuda de uma pinça.
4. Manter esta casca num vidro de relógio/lâmina de vidro com água.
5. Adicionar duas gotas de corante de safranina noutro vidro de relógio/lâmina de vidro para corar a casca (cerca de 30 segundos).
6. Pegar numa lâmina limpa e colocar uma gota de glicerina no centro da lâmina.
7. Com a ajuda de um pincel e de uma agulha, transferir a casca para a lâmina. A glicerina evita que a casca seque.
8. Cobrir cuidadosamente com uma lamela e evitar que qualquer bolha de ar entre na lamela.
9. Retirar o excesso de glicerina com um papel de filtro.
10. Observar a montagem preparada da casca com uma ampliação baixa e alta de um microscópio composto.

Observações: É visível um grande número de células rectangulares. Estas células encontram-se próximas umas das outras com espaços intercelulares entre elas. Estas células estão rodeadas por paredes celulares distintas. Estas células têm um núcleo de coloração escura e um grande vacúolo no centro.

(a)-(b) Methods of separating an onion peel (c) Structure of onion cells as seen under a microscope (450 ×)

Experiência n.º 03

Medição do diâmetro das células com oculómetro

Objetivo: Medir a dimensão de um objeto microscópico utilizando um micrómetro ocular e um micrómetro de fase.

Princípio: Para medir um objeto visto num microscópio, um micrómetro ocular serve de escala ou regra. Esta é simplesmente um disco de vidro no qual estão gravadas divisões igualmente espaçadas. A régua pode ser dividida em 50 subdivisões ou, mais raramente, em 100 subdivisões. Para utilizar o micrómetro ocular, é necessário calibrá-lo em relação a uma régua fixa e conhecida, o micrómetro de fase. Os micrómetros de palco também existem em vários comprimentos, mas a maioria tem 2 mm de comprimento e subdivide-se em comprimentos de 0,01 mm (10 micrómetros). Cada objetiva terá de ser calibrada de forma independente. Para utilizar, basta sobrepor o micrómetro da ocular ao micrómetro da platina e observar a relação entre o comprimento da ocular e o micrómetro da platina (ver Figura 1). Note-se que, com diferentes ampliações, o micrómetro da platina muda, mas o micrómetro da ocular tem uma dimensão fixa. Na realidade, o micrómetro da platina também é fixo, e o que muda é a potência de ampliação da objetiva.

Requisitos: Microscópio, micrómetro ocular, micrómetro de fase, régua milimétrica, lâmina preparada com a amostra.

Procedimento

1. Colocar um micrómetro na platina do microscópio e, utilizando a ampliação mais baixa (4X), focar a grelha do micrómetro da platina.
2. Rodar o micrómetro ocular, rodando a ocular adequada. Deslocar a platina até sobrepor as linhas do micrómetro ocular às do micrómetro da platina. Com as linhas dos dois micrómetros coincidindo numa extremidade do campo, contar os espaços de cada micrómetro até ao ponto em que as linhas dos micrómetros coincidam de novo, como se vê na figura.

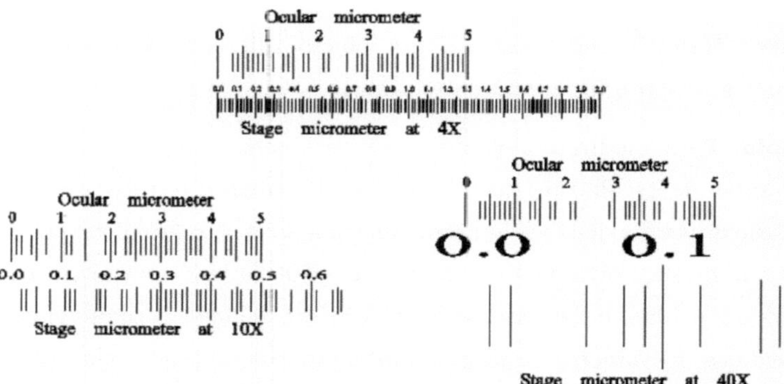

3. Como cada divisão da escala micrométrica mede 10 micrómetros, e como se sabe quantas divisões da ocular equivalem a uma divisão da escala, pode-se calcular o número de micrómetros em cada espaço da escala ocular. 4.
4. Repetir para 10 X, 40 X e 100X.
5. Utilizando o micrómetro da platina, determine o menor comprimento (em microns) que pode ser resolvido com cada objetiva. Este é o limite de resolução medido para cada objetiva.
6. Numa lâmina limpa, colocar um pequeno pedaço de casca de epiderme de cebola e corar com saffranina. Colocar uma lamela e foucs a lâmina para visualizar a célula epidérmica.
7. Coincidir uma extremidade da célula com a posição "0" do micrómetro ocular e medir o comprimento da célula em termos do número de divisões da fase ocular.
8. Vire a ocular e meça a largura da célula.
9. Utilizando os valores calculados para o seu micrómetro ocular, determine as dimensões da célula epidérmica da cebola que se encontra na lâmina do microscópio e adicione as dimensões ao seu desenho.

Experiência nº 04
Estudo da mitose

Objetivo: Preparação de abóbora de ponta de raiz de cebola e estudo das diferentes fases da divisão celular em mitose.

Informações básicas: A mitose é um tipo de divisão celular em que a célula-mãe produz duas células-filhas com o mesmo número de cromossomas que os seus progenitores. Este processo é normalmente efectuado na fase de crescimento dos tecidos. Esta divisão envolve dois tipos de processos, ou seja, a cariocinese - a divisão nuclear - e a citocinese - a divisão citoplasmática. A cariocinese ocorre em quatro fases, nomeadamente a prófase, a metáfase, a anáfase e a telófase. Antes de uma célula entrar em mitose, ocorre a replicação do ADN, duplicando o número de cromossomas. Cada cromossoma é assim constituído por duas cromátides irmãs que permanecem ligadas no centrómero. Esta fase de crescimento e síntese celular é designada por interfase e situa-se entre duas divisões mitóticas sucessivas.

Os eventos que ocorrem na Cariocinese são os seguintes:

Prófase: Os cromossomas duplicados, inicialmente dispostos como uma rede de cromatina, condensam-se e tornam-se visíveis como cromossomas distintos. O nucléolo e o envelope nuclear desaparecem. Os centríolos migram para os pólos opostos das células.

Metáfase: Os cromossomas alinham-se ao longo do plano equatorial da célula. Os centríolos organizam as fibras do fuso numa direção perpendicular ao alinhamento dos cromossomas. Estas estendem-se até aos centrómeros e fixam-se.

Anáfase: Os centrómeros de duas cromátides irmãs estão agora separados e as fibras do fuso ligadas a estes **encurtam**. Isto leva ao puxar e subsequente separação das cromátides irmãs, cada uma migrando para o pólo oposto. Assim, no final da anáfase, são produzidos dois conjuntos de cromossomas com o mesmo número de cromossomas, semelhantes aos da célula-mãe.

Telófase: As fibras do fuso desaparecem completamente e os dois conjuntos de cromossomas ficam enrolados como uma rede de cromatina. O nucléolo e a membrana nuclear reaparecem, formando assim dois núcleos bem definidos. A telófase marca o fim da cariocinese.

Citocinese: O citoplasma divide-se e produz duas células filhas, cada uma carregando o núcleo recém-formado.

Princípio: O HCl (1N) ajuda a quebrar a lamela que contém as células e permite a ligação do corante ao ADN. Isto facilita a visibilidade dos arranjos cromossómicos em várias fases.

Materiais necessários: Pontas de raízes de cebola, lâminas de vidro, lamelas, vidro de relógio, lâmina, pincel, papel absorvente, lâmpada de álcool, HCl 1N, ácido acético glacial e carmim.

Preparação da coloração: A acetocarmina é preparada dissolvendo 1 g de carmim em ácido acético glacial em ebulição. Em seguida, filtra-se através de um papel de filtro para obter a intensidade de coloração desejada.

Procedimento:

- ✓ Recolher dois a três pedaços de 1 cm de comprimento de pontas de raízes de cebola num vidro de relógio e lavar bem com água destilada.
- ✓ Escorrer a água destilada e adicionar 1 gota de HCl 1N e 9 gotas de acetocarmina.
- ✓ Aqueça o vidro de relógio suavemente durante 5 minutos e reserve-o para arrefecer.
- ✓ Colocar um pouco da ponta numa lâmina limpa, colocar gotas de ácido acético suficientes para colocar uma lamela.
- ✓ Cobrir a lâmina de vidro com papel mata-borrão e aplicar pressão com a ajuda do polegar para obter um esmagamento e um espalhamento correto das células.
- ✓ Retirar o papel mata-borrão, limpar a lâmina com papel absorvente, observar ao microscópio e relatar as fases observadas.

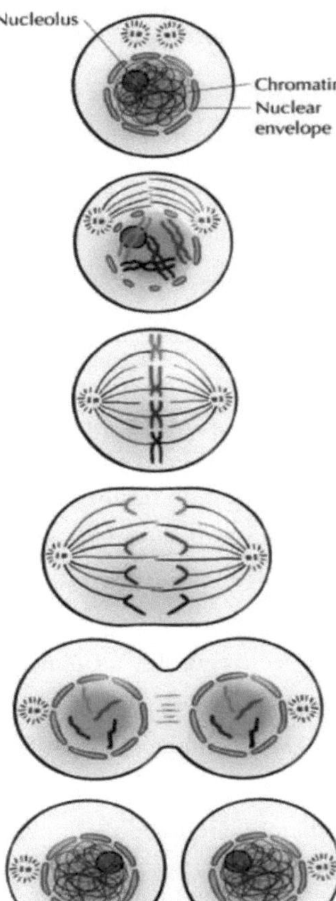

Interphase
The nucleolus and the nuclear envelope are distinct and the chromosomes are in the form of threadlike chromatin.

Prophase
The chromosomes appear condensed, and the nuclear envelope in not apparent.

Metaphase
Thick, coiled chromosomes, each with two chromatids, are lined up on the metaphase plate.

Anaphase
The chromatids of each chromosome have separated and are moving toward the poles.

Telophase
The chromosomes are at the poles, and are becoming more diffuse. The nuclear envelope is reforming. The cytoplasm may be dividing.

Cytokinesis (part of telophase)
Division into two daughter cells is completed.

Experiência n.º 05

Montagem dos corpos Barr

Objetivo: Observar os corpos de Barr em células epiteliais escamosas obtidas de um esfregaço do revestimento interno da bochecha (esfregaço bucal).

Informação de base: O Dr. Murray Barr, em 1949, observou um corpo de cromatina condensada nas células nervosas da fêmea de gato que estava ausente nos gatos machos. Mais tarde, verificou-se que todas as células somáticas das fêmeas normais de mamíferos contêm este corpo, que não existe nos machos normais. Este corpo de cromatina sexual recebeu o nome de corpo de Barr.

A Dra. Mary F. Lyon, em 1961, explicou que este corpo de cromatina é um cromossoma X inactivado nas mulheres. A Hipótese de Lyon explicava este fenómeno como um mecanismo de compensação de dosagem entre os dois sexos, devido à diferença no número de cromossomas X. A fêmea humana possui dois cromossomas X e o macho possui um cromossoma X e um cromossoma Y. Por conseguinte, as fêmeas teriam recebido uma dosagem dupla de genes ligados ao X e, consequentemente, uma sobre-expressão de tais caraterísticas. Assim, um dos cromossomas X em cada célula das fêmeas é inactivado no início do desenvolvimento embrionário, após 16th dias de gestação. Isto também é chamado de lionização. Este processo é aleatório e, por isso, pode ser o cromossoma X paterno ou materno a sofrer lionização em diferentes linhas celulares do embrião feminino. Assim, o número de corpos de Barr é sempre inferior ao número de cromossomas X e, por isso, está indiretamente relacionado com o sexo do indivíduo na sua presença ou ausência, ou seja, os homens normais não possuem corpos de Barr nas suas células, uma vez que têm apenas um cromossoma X, e as mulheres normais possuem um corpo de Barr, uma vez que têm dois cromossomas X. Por conseguinte, as anomalias relativas ao número de cromossomas X conduzem a diferenças no número de corpos de Barr em relação ao seu número habitual. Na síndrome de Turner, embora os indivíduos sejam do sexo feminino, não se observam corpos de Barr, uma vez que possuem apenas um cromossoma X.

O isolamento do corpo de Barr tem a sua aplicação em testes de determinação do sexo, como a amniocentese, e também em ciências forenses. Também explica o padrão em mosaico da expressão fenotípica nas mulheres.

Princípio: O corpo de Barr, que é um cromossoma condensado, pode ser corado por corantes básicos como a acetocarmina, a hematoxilina, o azul de metileno, a coloração de Feulgen, etc., que têm afinidade para o material ácido da cromatina.

Requisitos:

Fixador: álcool etílico: éter na proporção de 1: 1, coloração de acetocarmina/hematoxilina/azul de metileno diluído, cotonetes, lâminas de vidro, lamelas, microscópio composto com objetiva de 100 X (lente de imersão em óleo), óleo de madeira de cedro/óleo de imersão.

Procedimento:

As células epiteliais escamosas do revestimento interno da bochecha das candidatas são utilizadas como fonte de células para o isolamento do organismo de Barr.

- ✓ Enxaguar bem a boca com água potável.
- ✓ Com a ajuda de um cotonete húmido, raspe suavemente o revestimento interior da bochecha.
- ✓ Passar este cotonete na zona central de uma lâmina de vidro limpa, de modo a preparar um esfregaço uniforme. (Se necessário, pode repetir-se a raspagem e a passagem do cotonete mais uma vez).
- ✓ Colocar a lâmina na placa de Petri e colocar o fixador sobre a área do esfregaço.
- ✓ Cobrir a placa de Petri e deixar repousar durante 10 minutos para garantir uma boa fixação do esfregaço bucal. Adicionar mais fixador, se necessário, para evitar que a lâmina seque.

- ✓ Escorrer o excesso de fixador e espalhar o corante (acetocarmina ou qualquer outro corante de cromatina) e cobrir a placa de Petri.
- ✓ Deixar a mancha permanecer durante pelo menos 15 minutos.
- ✓ Escorrer o excesso de corante.
- ✓ **Observar primeiro a lâmina com baixa potência para focar as células epiteliais. Em seguida, focar com alta potência e, finalmente, com lente de imersão em óleo, depois de colocar uma pequena gota de óleo de imersão na lâmina.**
- ✓ **Desenhar as células de acordo com a observação.**

Observação: Os corpos de Barr podem ser observados como um corpo minúsculo de coloração escura na periferia da membrana nuclear.

Experiência nº 06

Preparação de um esfregaço de sangue e coloração diferencial das células sanguíneas

Objetivo: Preparar um esfregaço de sangue e observar os diferentes tipos de células no sangue.

Requisitos: Agulha esterilizada, lâmina limpa, amostra de sangue, lâmpada de álcool, corante de Leishman, papel absorvente e lamelas.

Procedimento:

1. Aquecer ligeiramente as lâminas limpas utilizando uma lâmpada de álcool e colocar uma gota de sangue. 2. Preparar um esfregaço fino utilizando outra lâmina.

3. Secar o esfregaço agitando a lâmina ao ar para evitar a contração indevida das células sanguíneas.

4. Cobrir o esfregaço seco ao ar com 3-4 gotas de corante de Leishman durante um minuto para efetuar a fixação.

5. Após um minuto, inundar a lâmina com gotas de água destilada (o dobro do número de gotas de corante) e deixar atuar durante 15-20 minutos.

6. Após 20 minutos, lavar a lâmina com água destilada, secar com uma folha de papel absorvente e examinar o esfregaço ao microscópio.

7. Indique os diferentes tipos de células observados na sua amostra.

Experiência nº 07
Deteção de grupos sanguíneos e fator Rh

Objetivo: Determinar o grupo sanguíneo a partir de uma determinada amostra de sangue para detetar o tipo ABO e o fator Rh.

Informação de base: De acordo com Karl Landsteiner (1901), existem proteínas de superfície ou antigénios por vezes encontrados nas hemácias, identificados por ele como "A" ou "B". O plasma ou a parte do sangue sem células tem anticorpos que não são complementares aos antigénios encontrados nestas células. Assim, as hemácias têm um antigénio do tipo "A", com anticorpos "b" (anti-b) flutuando no plasma. Da mesma forma, as hemácias com antigénio do tipo "B" têm anticorpos "a" (anti-a) flutuantes no plasma.

O antigénio presente na superfície das hemácias determina o grupo sanguíneo de um ser humano. Landsteiner também identificou dois tipos sanguíneos adicionais, ou seja, AB e O, para além dos tipos A e B. Quando ambos os antigénios A e B estão presentes na superfície das hemácias, o indivíduo tem o tipo de grupo sanguíneo AB, mas esse indivíduo não tem nenhum dos anticorpos no seu plasma. Quando as hemácias de um indivíduo não contêm ambos os antigénios, o tipo de grupo sanguíneo desse indivíduo é denominado O. O sangue desse indivíduo mostra a presença de ambos os tipos de anticorpos no seu plasma.

Como tanto os grupos sanguíneos B como O têm uma grande quantidade de anti-a no seu plasma, a transfusão de sangue do grupo A para essas pessoas pode causar aglutinação. Uma situação semelhante pode ser observada quando o grupo sanguíneo B é transfundido em pessoas do grupo sanguíneo A ou O. Um indivíduo do grupo sanguíneo AB pode receber sangue de qualquer outro, sem aglutinação, uma vez que não tem nem anti-a nem anti-b no seu plasma. Por conseguinte, um indivíduo do grupo AB é chamado recetor universal e um indivíduo do grupo sanguíneo O pode doar sangue a qualquer pessoa do grupo, uma vez que não possui antigénios na superfície das suas hemácias. Por isso, o tipo O é chamado dador universal.

Quando Levine e outros, nos seus estudos sobre o sangue de macacos *Rhesus*, revelaram outra série interessante de alelos múltiplos relacionados com o sangue. Para além dos grupos sanguíneos ABO, que foi designado por antigénio Rh. Alguns indivíduos têm o antigénio Rh, que foi encontrado no sangue dos macacos Rhesus, enquanto outros não o têm. Os indivíduos com antigénios Rh são identificados como Rh positivo e os que não o têm como Rh negativo.

Foi observado que os indivíduos que não têm anti-Rh natural podem desenvolver estes anticorpos quando expostos ao antigénio Rh, que é um critério significativamente importante na transfusão de sangue. Mesmo que seja a primeira transfusão de sangue. O sangue Rh positivo nunca deve ser administrado a um indivíduo Rh negativo, uma vez que a presença do antigénio Rh nas células transfundidas pode estimular o recetor a produzir anticorpos anti-Rh, que aglutinarão as hemácias do recetor, causando um choque anafilático fatal.

Princípio:

A tipagem sanguínea consiste na classificação dos grupos sanguíneos (ABO) e do fator Rh (+ve & -ve). Os anticorpos monoclonais para os antigénios A, B e Rh estão disponíveis no kit sob a forma de pequenos frascos com conta-gotas, sendo o anti-a azul, o anti-b amarelo e o anti-d incolor. Todos estes códigos de cor são universais e normalizados. Quando os anticorpos monoclonais são adicionados um a um aos poços que contêm a amostra de sangue testada, se as hemácias dessa amostra específica transportarem o antigénio correspondente, podem ser observados aglomerados nos poços correspondentes.

Requisitos: Anticorpos monoclonais/ kit Anti-A, B e Anti-D, lanceta de sangue, álcool absoluto, bolas de algodão esterilizadas, palitos de dente, lâmina de vidro limpa para cavidades, tabuleiro de gelo, recipiente para eliminação de resíduos biológicos.

Procedimento:

1. Colocar os frascos de anticorpos monoclonais num tabuleiro de gelo.

2. Mergulhar bolas de algodão esterilizadas em álcool absoluto para preparar compressas com álcool e mantê-las à mão num copo de vidro limpo com tampa.
3. Esfregar o dedo anelar do dador cujo sangue tem de ser colhido.
4. Abrir a tampa da lanceta, fazer pressão na ponta do dedo onde será recolhida a amostra de sangue e picar a ponta do dedo com a lanceta aberta. Deitar fora imediatamente a lanceta usada.
5. Quando o sangue começar a escorrer, fazer cair uma gota nas três depressões da lâmina de vidro da cavidade.
6. Colocar uma bola de algodão no local onde foi picado. Com o polegar, faça pressão sobre a zona para parar o fluxo sanguíneo.
7. Colocar os anti-soros anti-a, anti-b e anti-d na primeira, segunda e terceira cavidades, respetivamente.
8. Misturar o conteúdo em cada poço com a ajuda de um palito. Deitar fora o palito depois de o utilizar num poço.
9. Após a mistura, aguardar um pouco para observar o resultado.

Experiência nº 08

Experiências em cruzamentos mono-híbridos, di-híbridos, tri-híbridos, cruzamentos de teste e cruzamentos de retorno

A) Problemas baseados no cruzamento mono-híbrido/di-híbrido

Objetivo: Conhecer os diferentes tipos de cruzamentos e calcular a razão genotípica e fenotípica.

Informação de base: O termo "genética" foi atribuído pela primeira vez por Bateson em 1906. É frequentemente descrita como uma ciência biológica que lida com a hereditariedade e a variação. Gregor Johann Mendel é conhecido como o pai da genética. Com a ajuda de uma experiência com ervilhas de jardim, conseguiu formular leis que explicam o modo de hereditariedade dos caracteres. Apresentou as suas descobertas perante a Sociedade de História Natural de Brunn em 1865.

Mendes descreveu o seu resultado em 1866, o seu trabalho foi reconhecido em 1900 quando as suas leis foram descobertas por Hugo DeVries, E. V. Tschermak e Correns, o trabalho original de Mendel foi republicado em 1901 na revista Flora.

LEIS DE MENDEL:

1. Lei da segregação

2. Lei do sortido independente

1. As leis da segregação:

Diz que quando um par de alelos ou alelomorfos é reunido num híbrido (F1), permanecem juntos sem se contaminarem mutuamente e separam-se ou segregam-se um do outro numa forma completa e pura durante a formação do gâmeta.

Explicação das leis de Mendel:

Rácio monohíbrido: A lei da segregação de Mendel explica a relação monohíbrida. "Os dois alelos presentes em (F1) não se contaminam; separam-se e passam para gâmetas diferentes na sua forma original, produzindo dois tipos diferentes de gâmetas em frequências iguais". Pode ser explicado por um exemplo

Numa planta de ervilha, a forma redonda da semente é dominante sobre a forma enrugada da semente.

Pais: Feminino X Masculino

Fenótipos: Redondo Enrugado

Genótipos: RR rr

Gametas: (R) (r)

Geração F1: Rr Redondo

F1 em autocruzamento

Pais: Feminino X Masculino

Fenótipos: Redondo Redondo

Genótipos: Rr Rr

Gametas: (R) (r) (R) (r)

Geração F2: Utilizando o tabuleiro de Punnet

	R	r
R	RR Redondo	Rr Redondo
r	Rr Redondo	rr Enrugado

Relação fenotípica: Redondo : Enrugado

3 1

Rácio genotípico: RR : Rr : rr

1 2 1

Cruz de teste:

Cruzamento de um híbrido F1 com um progenitor recessivo

Pais: FemininoXMasculino

Fenótipos: Redondo Enrugado

Genótipos: Rr rr

Gametas: (R) (r) (r)

Geração F1:

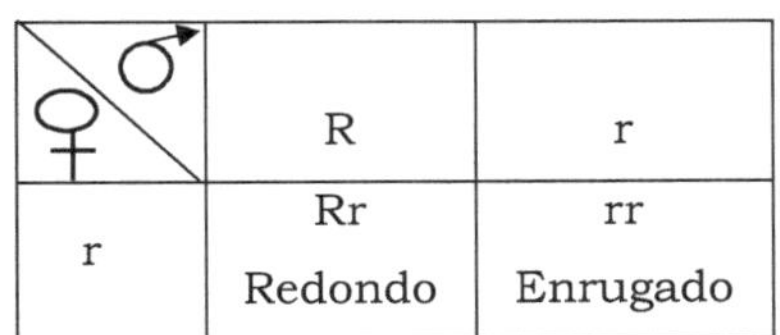

♀ \ ♂	R	r
r	Rr Redondo	rr Enrugado

Relação fenotípica: Redondo : Enrugado

1 1

Rácio genotípico: Rr : rr

1 1

Exercício

1. No ser humano, sabe-se que a linha de cabelo widow's peak é autossómica dominante em relação à linha de cabelo lisa. Mostre o cruzamento entre uma mulher que é homozigótica para o traço de cabelo liso e um homem que é homozigótico para o traço de cabelo em pico de viúva.
2. Na mosca da fruta, *Drosophila melanogaster*, o crescimento normal das asas, que leva à formação de asas longas normais, é uma caraterística dominante. A condição homozigótica recessiva desta caraterística tem a expressão fenotípica de asas vestigiais que são muito mais curtas. Explique os resultados de um cruzamento entre um macho com asas longas e uma fêmea com asas vestigiais.
3. A população humana pode ser dividida em provadores (dominantes) e não provadores (recessivos) com base na prova da feniltiocarbamida (PTC). Que tipo de descendência se pode obter se ambos os progenitores forem provadores e o pai tiver uma mãe que não seja provadora?
4. Nos seres humanos, a polidactilia (condição de ter um dedo extra em cada mão) é dominante em relação à disposição normal de 5 dedos. Considere um caso em que um homem com polidactilia, cuja mãe tinha dedos normais, se casa com uma mulher com dedos normais. Qual é a probabilidade de o seu primeiro filho ter uma disposição normal dos dedos?

Rácio Dihíbrido:

A segunda lei de Mendel, ou seja, a lei da seleção independente, pode ser explicada através do estudo da hereditariedade de dois caracteres em simultâneo.

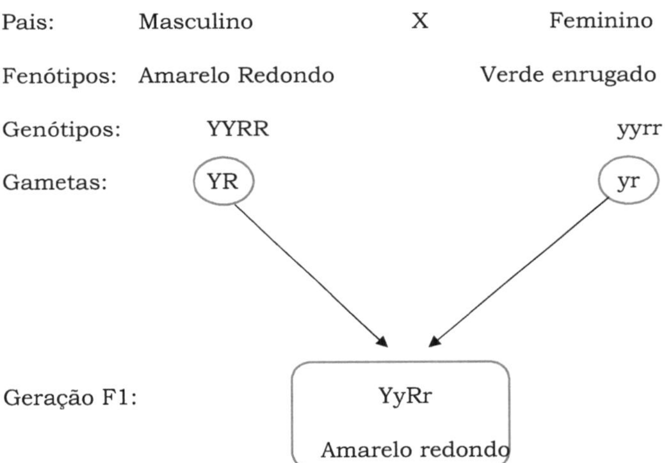

F1 em autofecundação/ autofecundação dá

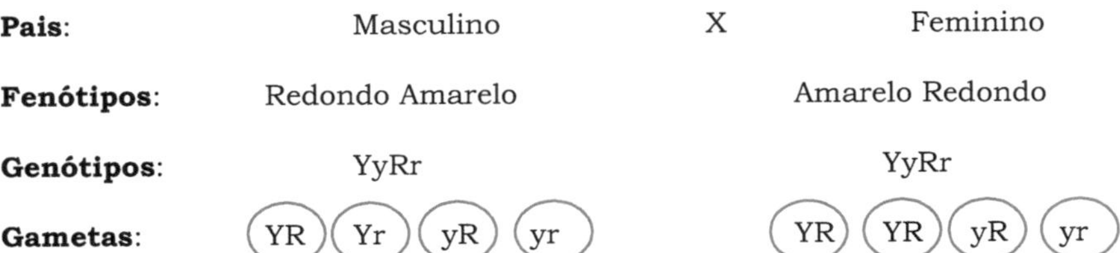

Geração F2: Utilizando o tabuleiro de Punnet

♀ \ ♂	YR	Ano	yR	ano
YR	YYRR Amarelo redondo	YYRr Amarelo redondo	YyRR Amarelo redondo	YyRr Amarelo redondo
Ano	YYRr Amarelo redondo	YYrr Amarelo enrugado	YyRr Amarelo redondo	Yyrr Amarelo enrugado
yR	YyRR Amarelo redondo	YyRr Amarelo redondo	yyRR Verde redondo	yyRr Verde redondo
ano	YyRr Amarelo redondo	Yyrr Amarelo enrugado	yyRr Verde redondo	yyrr Verde enrugado

Rácio fenotípico:

Amarelo redondo: Amarelo enrugado: Verde redondo: Verde enrugado

9 3 3 1

Rácio genotípico:

YYRR: 1 YYrr: 1 yyRR: 1 yyrr: 1

YyRR: 2 Yyrr: 2 yyRr: 2

YYRr: 2

YyRr: 4

1: 2: 2: 4: 1: 2: 1: 2: 1

Exercício

1. Qual será o aspeto das progénies (a) F1 e (b) F2 quando uma planta pura (homozigótica) de ervilha alta é cruzada com uma planta pura (homozigótica) de ervilha anã?

O gene da estatura (T) é dominante em relação ao gene da nanismo (t).

2. Quando uma planta homozigótica para alto é cruzada com uma planta homozigótica para anão, qual será o aspeto da descendência de um cruzamento de F1 com o seu progenitor alto? Qual é o termo utilizado para este tipo de cruzamento?
3. Quando uma planta homozigótica para alto é cruzada com uma planta homozigótica para anão, qual será o aspeto dos descendentes de um cruzamento de F1 com o seu progenitor anão? Qual é o termo utilizado para este tipo de cruzamento?
4. Determine os genótipos dos progenitores do cruzamento entre uma planta de ervilha alta e uma planta de ervilha anã que resultam em cerca de metade de descendentes altos e metade de descendentes anões.
5. Qual será o resultado da autofecundação da geração F1 num cruzamento quando plantas de ervilha com sementes redondas e amarelas (YYRR) são cruzadas com plantas de ervilha com sementes verdes e enrugadas (yyrr)?
6. Quando plantas de ervilha de sementes redondas e amarelas (YYRR) são cruzadas com plantas de ervilha de sementes verdes enrugadas (y y r r), a F1 são plantas de sementes amarelas e redondas (Yy Rr).

   Quais serão os resultados quando esta F1 for cruzada com progenitores de sementes redondas e amarelas? Qual é o termo usado para esse cruzamento?

7. Considere os dois caracteres diferentes para o pelo da cobaia - um para a cor e outro para o comprimento do pelo, dado que o pelo preto

é dominante sobre o branco e o pelo curto é dominante sobre o comprido. Apresente os resultados do cruzamento de um macho de pelo preto e curto com uma fêmea de pelo branco e comprido, sendo ambos homozigóticos.

8. Nos seres humanos, a braquidactilia (ter dedos curtos) é dominante em relação ao comprimento normal dos dedos. Também a capacidade de enrolar a língua é dominante sobre a incapacidade de enrolar a língua. Um homem que é homozigótico para dígitos normais e que não consegue enrolar a língua é casado com uma mulher que é heterozigótica para braquidactilia e enrolamento da língua. Qual é a probabilidade de o casal ter um bebé com dígitos curtos e que não consegue enrolar a língua?
9. Nos suínos, o pé de mula (não fendido) e a faixa branca à volta do corpo são caraterísticas dominantes. A sua expressão fenotípica recessiva leva a que os suínos tenham pés fendidos e uma pelagem de cor uniforme. Explique o cruzamento que produziria uma descendência com pés de mula e uma pelagem de cor uniforme.
10. Suponha que, numa dada espécie de aves, as penas pretas são dominantes sobre as brancas e os bicos curtos são dominantes sobre os solitários. Se, num ninho de um macho preto de bico longo e de uma fêmea branca de bico curto, os ovos eclodirem, que combinações diferentes de fenótipos se poderão observar nas crias?

Experiência n.º 09
Problemas baseados na hereditariedade ligada ao X

Objetivo: Compreender o conceito de hereditariedade ligada ao X com a ajuda de exemplos adequados.

Informação de base: O cromossoma que determina o sexo feminino contém genes para a expressão de caracteres somáticos. Os genes localizados na parte não-homóloga do cromossoma X são chamados genes ligados ao X e a herança é referida como ligação ao X.

Thomas H. Morgan explicou o mecanismo genético da ligação ao X ao observar a cultura de *Drosophila* que tem um macho de olhos brancos. Descobriu que o carácter da cor dos olhos na *Drosophila* é expresso pelo gene localizado no cromossoma X e que o seu alelo recessivo leva à formação de olhos brancos. Através do estudo envolvendo cruzamentos dessas moscas, Morgan concluiu que se tratava de um padrão de herança recessivo ligado ao X que segue um padrão cruzado, uma vez que é transmitido do pai para o neto através da filha. A fêmea que tem dois cromossomas X não apresenta a caraterística se for heterozigótica, mas é portadora da mesma para a geração seguinte. O homem, por outro lado, por ter apenas um cromossoma X, expressa a caraterística. Certas doenças humanas, como a hemofilia e o daltonismo, são herdadas por ligação ao X de tipo recessivo.

Existe também um padrão de hereditariedade dominante ligado ao X, em que o gene responsável pela expressão do carácter nas sucessivas gerações está em condição dominante, quer seja homozigótico ou heterozigótico. Este tipo de herança não salta gerações. Neste caso, as fêmeas heterozigóticas são afectadas, ao contrário da herança recessiva ligada ao X, em que são portadoras do gene sem serem afectadas. A formação defeituosa do esmalte em humanos é herdada por um gene dominante ligado ao X.

Exemplo: Herança recessiva ligada ao X no caso da hemofilia humana

O gene normal para a produção do fator de coagulação é ligado ao X. Se uma mulher homozigótica para o gene se casar com um homem hemofílico que tem o alelo recessivo deste gene, as seguintes possibilidades podem ser observadas entre os seus descendentes.

Considere o gene 'H' para o gene de coagulação normal e 'h' para hemofílico. Isto pode ser representado como X^H e X^h.

Pais: Feminino X Masculino

Fenótipos: Normal Hemofílico

Genótipos: $X^H X^H$ X^hY

Gametas: X^H X^H X^h Y

Geração F1:

Utilizando o tabuleiro de Punnett

♀ / ♂	X^H	X^H
X^h	$X^H X^h$ Fêmea portadora	$X^H X^h$ Fêmea portadora
Y	X^HY Homem normal	X^HY Homem normal

Quando a fêmea portadora da geração F1 casa com um homem com o tempo de coagulação normal, verificam-se os seguintes resultados

Pais: Feminino X Masculino

Fenótipos: Portador Normal

Genótipos: $X^H X^h$ X^HY

Gametas: X^H X^h X^H Y

Utilizando o tabuleiro de Punnett

♀ / ♂	X^H	X^h
X^H	$X^H X^H$ Mulher normal	$X^H X^h$ Fêmea portadora
Y	X^HY Homem normal	X^h Y Homem hemofílico

Todas as fêmeas são fenotipicamente normais, enquanto que, genotipicamente, metade delas são homozigóticas dominantes e a outra metade é portadora. No caso dos machos, metade são hemofílicos e metade são normais. Por conseguinte, a caraterística reapareceu nos machos da geração F2 depois de saltar a geração F1.

Isto deve-se ao facto de cada homem receber o seu cromossoma X da sua mãe e não o transmitir aos seus filhos. Cada mulher recebe um cromossoma X de cada um dos seus pais. Daqui se conclui que os filhos de um homem hemofílico não herdam o defeito do pai. Metade das filhas são portadoras heterozigóticas que produzirão filhos normais e hemofílicos, independentemente do estado hemofílico dos seus maridos.

Exercício

1. O daltonismo no ser humano é uma afeção que segue o padrão de hereditariedade recessivo ligado ao X. Uma mulher que tem uma visão normal decide casar com um homem que também tem uma visão normal. No entanto, o pai dela era daltónico. Qual é a probabilidade de ela ter uma filha ou um filho daltónico?
2. Na *Drosophila*, a cor branca dos olhos é uma caraterística recessiva ligada ao X. Se for efectuado um cruzamento entre uma fêmea de olhos vermelhos e um macho de olhos brancos de *Drosophila*, qual será a cor dos olhos esperada nas gerações F1 e F2 resultantes.

3. A formação defeituosa do esmalte nos seres humanos é um gene dominante ligado ao X que provoca o desgaste dos dentes devido ao facto de se tornarem quebradiços. Se um homem com dentes normais se casar com uma mulher com esse problema, eles terão filhos com dentes normais? Justifique a sua resposta mostrando a cruz.
4. O gene das cerdas bifurcadas em *Drosophila* é transmitido pelo gene recessivo ligado ao X, que é o mutante do seu alelo dominante que forma cerdas rectas normais. Determine o cruzamento para a possibilidade de a mosca fêmea ter cerdas bifurcadas.

Experiência nº 10

Experiência em alelos múltiplos, codominância e interação epistática

Objetivo: Conhecer a proporção de alelos múltiplos, a codominância e a interação epistática

ALELOS MÚLTIPLOS:

O alelo é a forma alternativa do gene. Os alelos de um gene situam-se no mesmo locus dos cromossomas homólogos. De acordo com Mendel, cada gene tinha duas formas alternadas ou formas de alelos, sendo uma dominante e outra recessiva. O dominante é o tipo selvagem a partir do qual o mutante recessivo evoluiu por mutação.

Os alelos são formas alternativas de um gene e são responsáveis pelas diferenças na expressão fenotípica de uma determinada caraterística (por exemplo, olhos castanhos versus olhos verdes). Os casos em que um determinado gene pode existir em três ou mais formas alélicas são conhecidos como condições de alelos múltiplos.

EXEMPLOS DE ALELOS MÚLTIPLOS:

1. Grupo sanguíneo ABO

Dois exemplos humanos de genes com múltiplos alelos são o gene do sistema de grupos sanguíneos ABO e os genes do antigénio associado aos leucócitos humanos (HLA).

O sistema ABO em humanos é controlado por três alelos, normalmente referidos como IA, IB e IO (o "I" significa iso-hemaglutinina). IA e IB são codominantes e produzem antigénios do tipo A e do tipo B, respetivamente, que migram para a superfície dos glóbulos vermelhos, enquanto IO é o alelo recessivo e não produz qualquer antigénio.

Grupo sanguíneo	Antigénio	Anticorpo	Genótipos
A	A	b	$I^A\,I^A$ ou $I^A\,I^0$
B	B	a	$I^B\,I^B$ ou $I^B\,I^0$
AB	A, B	Nulo	$I^A\,I^B$
O	Nulo	a, b	$I^0\,I^0$

Exercício

1. Quais seriam os possíveis grupos sanguíneos das crianças cujo pai tem o grupo sanguíneo "A" e a mãe tem o grupo sanguíneo "B"?
2. A cor da pelagem nos coelhos é determinada por quatro alelos C, C^{ch}, C^h e c, que formam a cor da pelagem completa (Agouti), chinchila, himalaia e albino, respetivamente.

   A cutia é dominante e o albino é recessivo, a chinchila é dominante sobre o himalaio. Trabalhar os seguintes cruzamentos.

   $C^{ch}C^h$ X $C^{ch}C^h$

   Cc X cc

   C^{ch}c X $C^{ch}C^h$

   C^h C X C^{ch}c

   C^h c X C^{ch}c

   CC X $C^{ch}C^h$

Experiência n.º 11
Morfologia dos cromossomas

Objetivo: Estudar a morfologia dos cromossomas a partir das fotografias dadas da fase metafásica.

Informação de base: Os cromossomas estão situados no núcleo das células eucarióticas e estão associados **à** herança de caracteres genéticos, uma vez que contêm ADN como material genético. O ADN está presente em grande quantidade e, por isso, é empacotado num conjunto firmemente enrolado de complexos nucleoprotéicos de nucleossomas. Estes formam as fibras solenóides que são novamente dobradas sobre si próprias. Todos os cromossomas se encontram no interior do núcleo como uma rede de cromatina, mas condensam-se e tornam-se visíveis como cromossomas separados durante a divisão celular. Assim, a estrutura típica do cromossoma é descrita com referência ao seu aparecimento durante a fase metafásica da divisão mitótica. Nesta fase, cada cromossoma tem duas cromátides, resultado da replicação do seu ADN. Assim, existem duas moléculas de ADN, uma em cada uma das cromátides. Uma vez que pertencem ao mesmo cromossoma, são também chamadas cromátides irmãs e são mantidas juntas por um centrómero que aparece como uma região apertada. A posição do centrómero pode variar e, por conseguinte, o aspeto do cromossoma também pode diferir entre si. As regiões das cromátides situadas acima e abaixo deste centrómero são designadas por braços e designam-se por braços "p" e "q", respetivamente.

Os cromossomas também apresentam uma constrição secundária, geralmente localizada perto de uma das extremidades ou, por vezes, em ambas as extremidades. A região do cromossoma que se encontra para além da constrição secundária, sob a forma de um corpo arredondado, é designada por satélite. Nos cromossomas eucariotas, as extremidades terminais de ambos os braços apresentam a presença de telómeros.

Dependendo da posição do centrómero, os cromossomas podem ser dos seguintes tipos

1. **Cromossomas metacêntricos:** O centrómero está localizado no centro das cromátides e, por isso, os dois braços destes cromossomas têm o mesmo comprimento. Estes cromossomas aparecem em forma de V durante a anáfase.
2. **Cromossomas sub-metacêntricos:** O centrómero está localizado longe do centro, de modo que os dois braços são desiguais em

comprimento. Estes cromossomas aparecem em forma de J durante a anáfase.

3. **Cromossomas acrocêntricos:** O centrómero está localizado quase numa das extremidades das cromátides, de tal forma que um dos braços é muito mais curto do que o outro. Estes cromossomas aparecem em forma de J durante a anáfase.

4. **Cromossomas telocêntricos:** O centrómero está localizado numa das extremidades dos cromossomas, de tal forma que ambos os braços estão do mesmo lado do centrómero e têm um comprimento mais ou menos igual. Estes cromossomas aparecem em forma de I durante a anáfase.

Com base no comprimento dos braços, na posição do seu centrómero e noutras caraterísticas, o complemento cromossómico de uma determinada célula de um organismo específico pode ser organizado a partir da fase metafásica dispersa da mitose. A isto chama-se cariótipo e a sua representação pictórica chama-se idiograma. O ideograma mostra a disposição dos cromossomas em ordem decrescente do seu comprimento e são agrupados de acordo com os seus quatro tipos, tal como mencionado acima.

Requisitos: Fotografias de diferentes ideogramas mostrando diferentes tipos de cromossomas metafásicos.

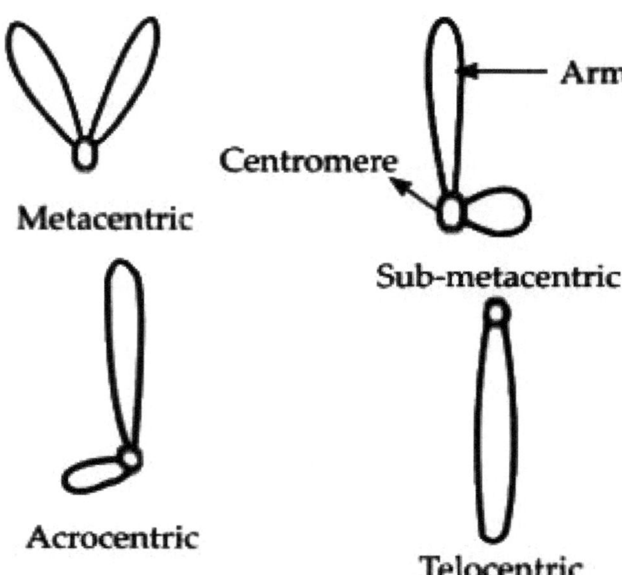

Types of chromosomes

Exercício

1. A partir do idiograma do cariótipo humano apresentado, identifique os vários tipos de cromossomas e assinale os respectivos grupos.

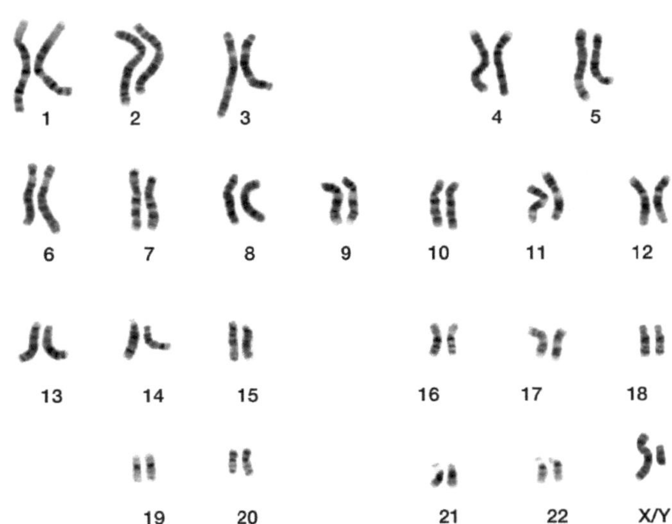
1
2
3
4
5
6
7
8
9
10
11
12
13
14
15
16
17
18
19
20
21
22
X/Y

Experiência n.º 12

Análise do pedigree

Objetivo: Estudar as cartas genealógicas para analisar a hereditariedade das caraterísticas genéticas.

Informação de base: A análise genealógica é o estudo de um traço hereditário que causa doenças genéticas num grupo de indivíduos relacionados, de modo a determinar o padrão e as caraterísticas do traço. As cartas genealógicas são construídas utilizando símbolos padrão representados na tabela de pictogramas. A construção do gráfico leva a uma representação da história da família ao longo das gerações. A herança dos traços na presente análise limita-se a compreender o padrão para apenas quatro categorias, principalmente dominante, recessiva, autossómica e ligada ao sexo. A construção e a análise do diagrama de linhagem permitem ao conselheiro genético uma compreensão lógica de uma determinada caraterística.

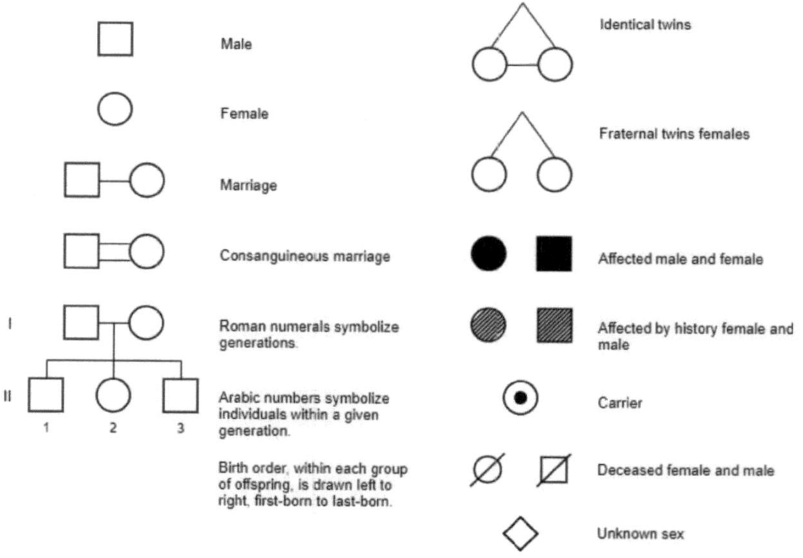

Exercício

1. Os olhos castanhos são um alelo dominante da cor dos olhos e os olhos azuis são recessivos. Uma mulher de olhos castanhos, cujo pai tinha olhos azuis e cuja mãe tinha olhos castanhos, casa com um homem de olhos castanhos cujos pais também têm olhos castanhos. Têm um filho que tem olhos azuis.
   Desenhe um pedigree mostrando os quatro avós, os dois pais e o filho. Indique os genótipos possíveis de cada indivíduo.

Experiência nº 13

Problemas de biologia molecular

Objetivo: Resolver problemas baseados nos processos de transcrição e tradução.

Informações de base:

- ✓ Cada cromossoma contém duas cadeias de ADN, que são polímeros de nucleótidos dispostos numa sequência específica. Diz-se que as duas cadeias são complementares uma à outra, uma vez que os seus nucleótidos se emparelham através de ligações de hidrogénio entre purinas e pirimidinas, ou seja, A-T e C-G.
- ✓ As duas cadeias são antiparalelas uma à outra, tendo uma delas a direção especificada como 5'-3' e a outra 3'-5'. Cada cadeia de ADN tem, portanto, uma extremidade 5'com um grupo fosfato e uma extremidade 3'com um grupo hidroxilo, mostrando assim polaridade.
- ✓ A sequência de duas cadeias de ADN, agrupadas em três bases azotadas, representa o código genético que contém a informação para a biossíntese de numerosas proteínas. Esta informação é transcrita para a cadeia de ARNm através do processo de transcrição.
- ✓ Das duas cadeias de ADN, apenas é utilizado o código genético de uma das cadeias, pelo que é designada por cadeia modelo. A polaridade da cadeia modelo é de 3'-5', uma vez que a síntese do ARNm é de 5'-3'. Esta cadeia modelo é também designada por cadeia anti-sentido.
- ✓ A outra cadeia de ADN, de 5'-3', não é utilizada para a transcrição e tem uma sequência de nucleótidos semelhante à do ARNm transcrito, uma vez que têm a mesma polaridade. Por conseguinte, esta cadeia é designada por cadeia de sentido.
- ✓ As sequências de três nucleótidos nas cadeias de ARNm são designadas por codões, uma vez que especificam o tipo de aminoácido que constitui a proteína a sintetizar. A terceira base deste tripleto pode variar e, no entanto, codificar o mesmo aminoácido. A isto chama-se hipótese de Wobble, que explica que pode haver mais do que um códão para um determinado aminoácido, mas as duas primeiras bases de cada

sequência de tripleto serão fixas e farão o emparelhamento convencional de bases Watson-Crick com o anticódão do ARN-t, enquanto a terceira pode ser diferente. Por exemplo, os códões do ARN-m para a alanina podem ser GCA, GCG, GCU ou GCC, em que as duas primeiras bases G e C são fixas e especificam a alanina e a terceira base pode ser A/G/U/C.

- ✓ O aminoácido específico, de acordo com o códão no ARNm, é introduzido no sítio ribossómico pelo ARNt, que possui o anticódão complementar para ele num dos seus braços. Assim, a informação do ADN copiada no ARNm durante a transcrição é utilizada, ou seja, traduzida para que a cadeia polipeptídica seja sintetizada com uma sequência correta de aminoácidos.
- ✓ A tabela de codões é utilizada para compreender a especificidade da sequência de nucleótidos para os 20 aminoácidos. Os aminoácidos são representados por alfabetos individuais específicos para facilitar a escrita da estrutura primária de uma cadeia polipeptídica.
- ✓ Quaisquer alterações na sequência de nucleótidos que possam ocorrer no código genético do ADN podem levar a mutações que provocam alterações na sequência de aminoácidos de uma determinada proteína, o que pode afetar a sua função biológica.
- ✓ A mutação pontual ocorre quando um único nucleótido do ADN é alterado em relação ao código genético normal. A mutação de deslocamento de quadro é causada pela adição de um par de bases no ADN, o que resulta na tradução do código genético num quadro de leitura não natural a partir da posição da mutação até ao final do gene.

Experiência n.º 14
preparação de cromossomas de politeno a partir de glândulas salivares de drosophila larvae

Objetivo: Estudar os cromossomas politénicos que formam as glândulas salivares das larvas *de Drosophila.*

Informações básicas: As glândulas salivares das larvas de insectos dípteros têm núcleos que se encontram em interfase perpétua. Estes núcleos têm cromossomas que são anormalmente grandes quando comparados com os cromossomas das outras células do corpo. Devido ao seu tamanho, passaram a ser conhecidos como cromossomas gigantes. Os cromossomas politénicos são cromossomas grandes encontrados nas glândulas salivares dos insectos. Balbiani descobriu-os em 1881. São também conhecidos como cromossomas das glândulas salivares porque foram descobertos nas glândulas salivares. Por terem muitos cromonemas, são chamados politénicos. Desenvolvem-se quando os cromossomas se duplicam regularmente sem se dividirem, o que se chama endomitose. Apresentam bandas de coloração escura, enquanto a interbanda é a área entre duas bandas de coloração clara.

Requisitos:

Procedimento:

1. Transferir cuidadosamente uma larva para uma lâmina e adicionar uma gota de solução de Ringer para insectos. Colocar esta lâmina sob o microscópio de dissecação. Note-se que a larva tem uma extremidade cega e uma cabeça pontiaguda que contém as peças bucais.
2. Segurar firmemente a larva na lâmina com a ajuda de uma agulha colocada no tórax e afastar a cabeça do tórax com outra agulha.
3. As glândulas salivares estão agora libertadas e podem ser vistas presas à cabeça mas a flutuar na solução de Ringer.

4. Observar as glândulas salivares ao microscópio de dissecção e remover qualquer tecido adiposo aderente.
5. Transferir as glândulas para um vidro de relógio e adicionar algumas gotas de metanol acético (metanol: ácido acético na proporção de 3:1). Para a transferência, pode utilizar-se um pequeno pincel ou uma agulha de dissecação. Fixar em metanol acético durante apenas um minuto.
6. Com uma pipeta, remover completamente o fixador e colocar algumas gotas de corante de acetoorceína nas glândulas. Corar as glândulas durante cerca de 10-15 minutos.
7. Transferir as glândulas para uma lâmina, adicionar uma gota de ácido acético a 45% e colocar uma lamela.
8. Remover o excesso de corante adicionando continuamente ácido acético, gota a gota, de um lado da lamela e retirando o excesso de líquido do outro lado com a extremidade de um papel de filtro.
9. Em seguida, colocar a lâmina entre as dobras de um papel de filtro, pressionar suavemente a lamela e bater com a parte inferior plana de um lápis para obter uma boa dispersão.
10. Selar os bordos da lamela com verniz para unhas e observar ao microscópio composto.

Observação e resultados:

Se as glândulas salivares estiverem suficientemente esmagadas, as células separam-se umas das outras e os cromossomas politénicos espalham-se bem. Se a coloração for adequada, deve ser possível ver o padrão de bandas ao longo do comprimento dos cromossomas politénicos.

Numa boa preparação de cromossomas de glândulas salivares podem ser observados quatro pares de cromossomas. O quarto par de cromossomas é muito pequeno, mas os outros três pares são longos.

Experiência n.º 15
Extração e deteção de ADN

Objetivo: Extrair ADN do tecido em causa e detetar qualitativamente a sua presença.

Informação de base: Os organismos vivos possuem ADN nas suas células. Trata-se de uma estrutura helicoidal dupla constituída por duas longas cadeias de nucleótidos. Cada um dos nucleótidos é constituído por açúcar dextrose, uma das bases azotadas (adenina, timina, guanina e citosina) e um grupo fosfato que lhe está ligado. A adenina e a guanina são purinas, enquanto a citosina e a timina são pirimidinas. O emparelhamento dos nucleótidos ocorre entre as bases azotadas complementares das duas cadeias constituídas por uma purina e uma pirimidina através de ligações de hidrogénio. Existem duas ligações de hidrogénio entre o par complementar Adenina & Timina e três ligações de hidrogénio entre Citosina & Guanina.

A extração de ADN é imperativa para várias técnicas de biologia molecular com uma vasta gama de aplicações em biotecnologia, como estudos genómicos. Impressão digital do ADN e biologia evolutiva.

Princípio: Durante a extração do ADN, a lise das células é facilitada pela homogeneização e tratamento do tecido com uma solução de sabão e sal de SDS (Dodecil Sulfato de Sódio) e NaCl. A precipitação do ADN extraído é obtida por adição de etanol refrigerado. O ADN apresenta-se sob a forma de um material fibroso que pode ser enrolado com uma vareta de vidro fina ou recolhido com uma pipeta Pasteur.

A massa fibrosa é dissolvida numa solução de NaCl, o que provoca a libertação do ADN do complexo nucleoproteico e a sua retenção na solução.

A deteção qualitativa do ADN extraído é efectuada utilizando o reagente ácido difenilamina (DPA). O açúcar de pentose presente no ADN é convertido em aldeído de hidroxilivulina, que reage com o DPA para dar origem a um complexo de cor azul que indica a presença de ADN. A intensidade da cor determina a quantidade de ADN e, por conseguinte, este método é também utilizado para estimativas quantitativas.

Requisitos: Fígado, solução de sais de sabão (2 g de SDS e 1,5 g de NaCl dissolvidos em 100 ml de água destilada), etanol refrigerado, reagente DPA recentemente preparado (1 g de DPA em 100 ml de ácido acético glacial e 2,5 ml de H_2 SO_4 conc.), solução salina normal, tubos de centrifugação, varetas de vidro, máquina de centrifugação, misturadora, banho-maria, gelo, tubos de ensaio, béqueres, pipetas, etc.

Procedimento:

A) Extração de ADN

1. Pegue em cerca de 50 g de fígado e homogeneíze-o num liquidificador.
2. Colocar uma alíquota de 2 ml deste homogenato num tubo de centrifugação e adicionar-lhe 5 ml de solução de sal de sabão. Misturar bem e incubar a 60° C durante 20 minutos. Filtrar com um pano de musselina.
3. Colocar 2 ml de filtrado num tubo de ensaio e arrefecer, mantendo o tubo de ensaio num banho de gelo ou num copo pequeno cheio de cubos de gelo.
4. Adicionar lentamente o dobro do volume de etanol arrefecido para precipitar o ADN, que pode ser recolhido por enrolamento na vareta de vidro/utilizando uma pipeta.

Observação: na camada superior, observa-se uma massa fibrosa branca de fios.

B) Teste qualitativo para deteção de ADN

1. Num tubo de ensaio de vidro limpo, recolher a massa fibrosa e dissolver o ADN extraído em 1 ml de solução salina normal.
2. Adicionar 2 ml de reagente DPA recentemente preparado.
3. Manter o tubo num banho de água a ferver durante 10 minutos.

Observação: O desenvolvimento de uma cor azul profunda indica a presença de açúcar desoxirribose na amostra dada, o que indica a presença de ADN.

Experiência n.º 16
Extração e deteção de ARN

Objetivo: Extrair o ARN do tecido em causa e detetar a sua presença através do teste qualitativo.

Informação de base: O ARN é transcrito a partir do ADN. Existem três tipos de ARN não genético que são específicos na sua estrutura e função. O ARN é também encontrado como material genético em certos vírus.

A extração de ARN tem aplicação em vários estudos de biologia molecular, como a sequenciação de proteínas, a expressão genética, etc.

Princípio: O ARN pode ser extraído em solventes orgânicos como o fenol. É recolhido na camada aquosa superior e posteriormente detectado qualitativamente utilizando o reagente Orcinol. O açúcar ribose do ARN sofre desidratação na presença de um reagente ácido, formando furfural. Este reage posteriormente com o orcinol para dar origem a um complexo de cor verde.

Requisitos: Fígado, solução de fenol destilada/solução de fenol a 80%, reagente de orcinol (dissolver 300 mg de orcinol em 5 ml de etanol e adicionar 3,5 ml de solução de cloreto férrico a 0,1% em HCl conc. imediatamente antes da utilização), misturador, máquina de centrifugação, banho-maria, tubos de centrifugação, tubos de ensaio, conta-gotas/pipetas de vidro, béqueres, etc.

Procedimento:

A) Extração de ARN:

1. Pegue em cerca de 50 g de fígado e adicione cerca de 5-10 ml de água destilada numa misturadora e homogeneíze.
2. Colocam-se 2 ml desta lama num tubo de centrifugação.
3. Misturar esta solução com 5 ml de solução de água destilada/80% de fenol com a ajuda de uma vareta de vidro.
4. Centrifugar a 3000 rpm durante 10 minutos.
5. A camada aquosa superior é cuidadosamente transferida para um novo tubo de ensaio com a ajuda de um conta-gotas/pipeta de vidro. Deitar fora as proteínas precipitadas.

6. Esta camada do sobrenadante contém o ARN extraído. Testar a solução para detetar a presença de ARN.

B) Teste qualitativo para a deteção de ARN:

1. Colher 1 ml do sobrenadante num tubo de ensaio.
2. Adicionar 2 ml de reagente de orcinol.
3. Aquecer o tubo num banho de água a ferver durante 10 minutos.

Observação: A reação do furfural com o reagente orcinol origina um complexo de cor verde que indica a presença de ARN.

Referências:

Manual de Laboratório de Genética. BIOL 302L. verão 2014. Por: S. M. Caruso. R. C. Gethmann.

Material de laboratório de genética. Material didático aberto Galilio 2023.

Manual de Laboratório de Biologia Celular. William H. Heidcamp - Faculdade Gustavus Adolphus. Saint Peter, Minnesota, EUA.

Manual prático de biologia celular: Universidade SRM Escola de Bioengenharia Departamento de Biotecnologia

Printed by Books on Demand GmbH, Norderstedt / Germany